AF465387

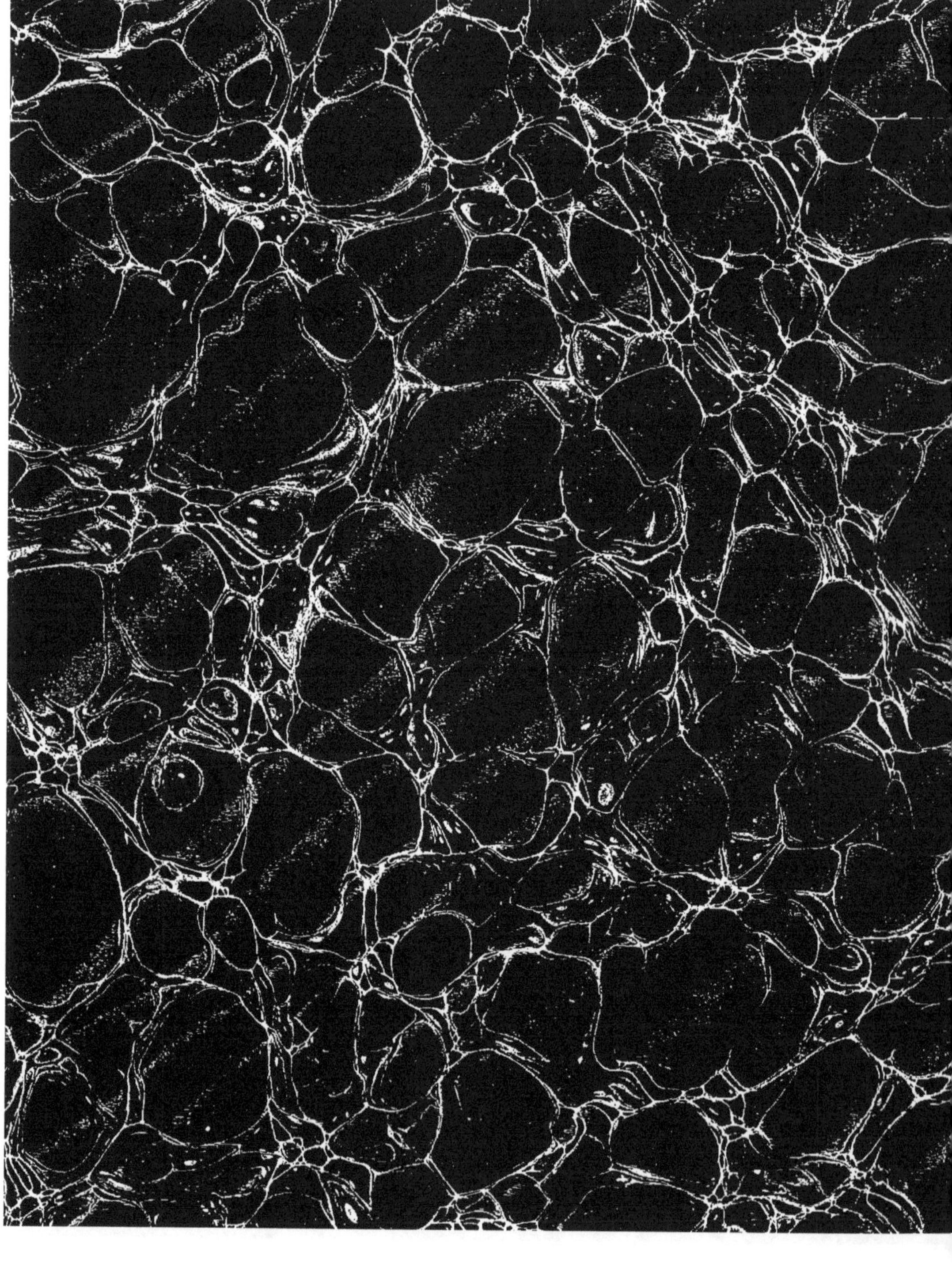

EXTRAIT

DES

ARCHIVES DU MUSÉUM

D'HISTOIRE NATURELLE.

Exemplaire d'auteur.

PARIS,

GIDE, EDITEUR,

RUE DE SEINE SAINT-GERMAIN, N° 6 BIS.

—

[illegible]

DESCRIPTION

DES CRUSTACÉS

NOUVEAUX OU PEU CONNUS

CONSERVÉS DANS LA COLLECTION DU MUSÉUM D'HISTOIRE NATURELLE;

PAR MM. MILNE EDWARDS ET H. LUCAS.

Nous avions formé le projet, M. Audouin et moi, d'insérer dans ces Archives une série de notes sur les crustacés les plus intéressants de la collection du Muséum, et nous venions de donner à ce projet un commencement d'exécution[1], lorsque la mort de mon savant collaborateur et excellent ami est venue interrompre notre travail. Appelé à lui succéder dans la chaire d'Entomologie, j'ai considéré comme un de mes devoirs la continuation de notre publication, et, afin de mieux remplir cette tâche, je me suis associé un des jeunes zoologistes attachés à mon laboratoire, M. Lucas, qui depuis longtemps

[1] Voyez le *Mémoire sur les Séroles* et la note sur l'*Ecrevisse de Madagascar*, insérés dans le premier cahier de ce volume, page 5. A l'occasion du premier de ces articles, je crois devoir rectifier ici une légère erreur qui s'est glissée dans l'explication des planches; en donnant aux appendices de l'abdomen des Séroles des numéros d'ordre, on a omis de compter la seconde paire des fausses pattes branchiales, de façon que les appendices de l'anneau caudal portent le n° 5, au lieu du n° 6 qu'il aurait fallu leur donner.

avait fait des crustacés une étude spéciale, et qui est connu des naturalistes par plusieurs travaux intéressants sur les animaux articulés. Nous continuerons donc en commun ce que mon prédécesseur avait commencé avec moi, et dans les livraisons successives de ce recueil, nous ferons connaître les espèces nouvelles les plus remarquables parmi les crustacés dont notre collection s'enrichit chaque jour.

M. E.

SUR LA LITHODE A COURTES PATTES.

(LITHODES BREVIPES, Nob.)

Le genre LITHODE établi par Latreille [1] ne se composait, pendant longtemps, que d'une seule espèce propre aux mers du Nord, et désignée sous les noms de *Cancer maja* par Linné [2], de *Parthenope maja* [3] et d'*Inachus maja* [4] par Fabricius, et de *Maja vulgaris* par Bosc [5]. Cette division offrait cependant beaucoup d'intérêt à raison des anomalies de structure que l'on y apercevait, et elle a donné lieu aux opinions les plus divergentes relativement à la place qu'elle doit occuper dans la classification carcinologique. Effectivement, Latreille, Lamarck [6], Leach [7] et Desmarest [8] ont rangé les Lithodes parmi les Oxyrhinques ou Triangulaires; l'un de nous a cru devoir les éloigner de tous les Brachyures ordinaires pour les placer dans un groupe particulier composé des Homoles, des Hippes, des Pagures et autres Décapodes à abdomen anormal [9], et les arguments apportés à l'appui de cette opinion ont déterminé Latreille à modifier sa première classification, et à établir pour les Lithodes et les Homoles une

[1] Genera crustaceorum et insectorum, t. 1, p. 39 (1806).

[2] Fauna Suecica (2ᵉ éd., 1761), p. 493.

[3] Supplementum Entomologiæ systematicæ, p. 354 (1798).

[4] Op. cit. p. 358 (double emploi).

[5] Hist. nat. des crustacés, t. 1, p. 251 (an x ou 1799).

[6] Genera, loc. cit.; Familles naturelles du règne animal, p. 272 (1825).

[7] Hist. des anim. sans vertèbres, t. 5, p. 239 (1818).

[8] Considérations sur les crustacés, p. 159 (1825).

[9] Recherches sur l'organisation et la classification des crustacés décapodes, lues à l'Acad. le 30 mai 1831, et imprimées dans les Annales des sciences naturelles (1ʳᵉ série), t. 25, p. 298 (1832).

nouvelle division distincte de celle des Oxyrhinques, et désignée sous le nom de *Hypophthalma*[1].

Enfin, des observations ultérieures sont venues confirmer les vues qui avaient conduit à l'innovation signalée ci-dessus, et dans l'ouvrage le plus récent sur l'histoire générale des crustacés, le genre dont nous nous occupons ici se trouve rangé dans la section des *Décapodes anomoures*[2]; mais plusieurs naturalistes se refusent encore à adopter cette classification.

Cette discordance d'opinion paraît dépendre principalement de l'imperfection de nos connaissances sur la structure des Lithodes et des groupes voisins. Aussi, en décrivant ici une espèce nouvelle appartenant à ce genre curieux, nous avons pensé qu'il serait utile d'étudier avec quelque détail toutes les parties du squelette tégumentaire de ces animaux, et nous regrettons que l'état de dessication de nos individus ne nous ait pas permis d'étendre cette investigation aux parties molles.

La Lithode dont il va être question a été cédée au Muséum par un de nos correspondants du port de Cherbourg, et nous a été indiquée comme provenant des parties australes de l'Océan Pacifique; mais nous ne savons rien de certain sur sa patrie, et ce défaut de renseignements précis est d'autant plus fâcheux que le mode de distribution géographique des Lithodes est très-remarquable. En effet, ce genre est représenté par trois espèces distinctes dans la région scandinave, dans les mers de Kamtschatka et à l'extrémité australe de l'Amérique, mais ne paraît pas exister dans toute la partie chaude du globe intermédiaire entre ces points si éloignés géographiquement, mais si analogues sous le rapport du climat.

[1] Cours d'Entomologie, p. 364 (1831).

[2] Milne Edwards, Hist. nat. des crustacés, t. 2, p. 184 (1837).

Notre Lithode se distingue au premier coup d'œil des espèces déjà connues, par sa forme trapue, par la brièveté de son rostre et de ses pattes, et par quelques autres particularités dont il sera bientôt question ; on peut la caractériser brièvement de la manière suivante, et nous la désignerons sous le nom de :

LITHODE A COURTES PATTES.

LITHODES BREVIPES, Nob.

Planches 24, 25, 26, 27.

L. omninò fulva ; rostro brevi, curvato, crasso, obtuso, tribus spinis armato ; testâ latâ, spinis longissimis armatâ ; pedibus brevibus, robustis, aculeatis.

La carapace, plus large que longue, est subtriangulaire et légèrement bombée en-dessus ; sa surface supérieure et ses bords sont hérissés d'une multitude de grosses épines coniques, dont la disposition n'offre rien d'important à noter et se voit suffisamment dans les figures jointes à ce mémoire. Entre la base de ces épines, le test ne présente aucune trace de granulations ni d'aspérités, comme chez la Lithode arctique, mais est au contraire tout-à-fait lisse. Un sillon transversal assez profond sépare la région cordiale de la région génitale qui est confondue antérieurement avec la région stomacale, et, de chaque côté de cette dernière, on remarque une fossette ovalaire.

Le *rostre* est court, obtus et courbé en bas vers sa base ; il ne dépasse pas le pédoncule des antennes externes, et présente en-dessus trois ou quatre épines dont une très-petite occupe la ligne médiane et deux, assez grosses, sont placées latéralement près de sa base, au-dessus du canthus interne de l'œil. Les *orbites* sont bien distinctes en-dessus, mais manquent entièrement de parois en dessous, et leur angle externe est occupé par une grosse épine conique. Les *régions ptérygostomiennes* de la carapace sont presque verticales et présentent, près de leur bord supérieur, une suture presque horizontale résultant de l'union de la pièce tergale avec les pièces épimériennes de ce grand bouclier; ces dernières offrent une disposition très-remarquable, car au lieu d'être uniques de chaque côté du corps, elles sont divisées en plusieurs portions par des sutures verticales ou obliques, parfaitement distinctes [1]. La première portion occupe les côtés de la bouche et présente en avant une forte épine placée sous l'insertion de l'antenne externe; la seconde est également très-grande et correspond à l'espace occupé par la base des pattes des trois premières paires; enfin on trouve encore trois autres pièces au-dessus de la base des pattes suivantes, mais elles sont courtes et très-étroites.

Les *yeux* sont très-petits et dépassent à peine le bord de l'orbite; leur pédoncule naît très-près de la ligne médiane, et l'anneau rudimentaire qui les porte, n'est pas enveloppé par un prolongement du front, comme cela se remarque chez les Brachyures, mais il se voit extérieurement entre le rostre et le bord antérieur de l'épistome. Les *antennes internes* [2] sont assez grandes et s'insèrent à nu à quelque distance en arrière et en dehors des pédoncules oculaires, de façon que leur base touche à l'épine de l'angle externe de l'orbite et tient lieu de paroi inférieure de cette cavité, disposition qui du reste se remarque aussi chez les autres espèces du même genre. L'article basilaire de ces appendices n'est pas élargi comme

[1] Pl. 25, fig. 2.

[2] Pl. 25, fig. 1.

chez les Brachyures, mais cylindrique et dirigé en avant; les deux articles suivants ne présentent dans leur forme rien de particulier, mais ils ne peuvent se reployer sous le front et se dirigent en avant, à peu près de la même manière que chez les Paguriens; enfin les filets terminaux de ces antennes sont très-courts. Les *antennes externes* s'insèrent presque sur la même ligne que les précédentes, mais beaucoup plus en dehors, sous la portion du bord antérieur du test, située entre l'angle orbitaire externe et l'épine qui garnit l'angle latéro-antérieur de ce bouclier. Leur article basilaire est beaucoup plus grand et plus épineux que dans les autres espèces de ce genre, mais ce qu'elles offrent de plus remarquable, c'est un appendice peu mobile qui, implanté au-dessus de l'insertion du second article, parait être l'analogue de la lame dont le pédoncule de ces appendices est garni chez presque tous les Macroures; seulement ici cette pièce, au lieu d'être squammiforme, constitue un tubercule hérissé de quatre épines coniques, dont une petite dirigée en avant et les trois autres plus ou moins obliquement en dehors[1]. Le second article de ces antennes est très-court, et le troisième est de longueur médiocre, mais dépasse à peine le second article des antennes externes et le rostre, et avance moins loin que les épines dont il vient d'être question. La tige terminale ne présente rien de particulier. La portion du test qui porte ces antennes a la forme d'un gros tubercule, et se trouve séparée de la région ptérygostomienne et de la portion dorsale de la carapace par un sillon profond; en dehors elle se continue sans interruption avec l'épistome, et à l'angle interne de sa base se trouve la fossette auditive. L'*épistome* est grand, à peu près carré, et n'est pas séparé de l'espace prélabial, de façon que le cadre buccal manque complétement en avant. Latéralement au contraire, les

[1] Pl. 25, fig. 1 d'.

bords de ce cadre sont bien marqués et on distingue à leur angle antérieur une forte épine qui s'avance au-dessous de la base des antennes externes[1]. L'*appareil buccal*[2] présente la disposition ordinaire, mais semble être pour ainsi dire refoulé en avant; la lèvre supérieure dépasse le niveau des points occupés par les organes auditifs. Les *mandibules*[3] et les *mâchoires*[4] n'offrent rien de remarquable. Les *pattes-mâchoires*[5] ne portent pas d'appendice flabelliforme comme chez les Brachyures et ressemblent beaucoup à celles des Birgus[6]. En jetant les yeux sur les figures qui accompagnent ce mémoire, on remarquera la longueur considérable des pattes-mâchoires antérieures[7] et l'état rudimentaire du lobe externe de la portion principale, qui chez les Brachyures offre d'ordinaire un développement très-considérable et s'élargit à son extrémité pour clore en-dessous le canal efférent de l'appareil respiratoire. Les *pattes-mâchoires* de la seconde paire[8] ne présentent rien qu'il soit essentiel de noter, et celles de la première paire[9] sont robustes et subpédiformes au lieu d'être operculaires comme chez les Maïas et les autres Brachyures, auxquels la plupart des entomologistes réunissent, à tort, les Lithodes.

La structure de la portion thoracique du corps éloigne également ces crustacés de tous les Brachyures proprement dits. Ainsi

[1] Pl. 25, fig. 1 et fig. 2.
[2] Pl. 25, fig. 1.
[3] Pl. 25, fig. 3.
[4] Pl. 25, fig. 4.
[5] Pl. 25, fig. 5, 6 et 7.
[6] Voyez la grande édition du Règne animal de Cuvier, atlas des Crustacés, par M. Milne Edwards, pl. 43, fig. 1b, 1c, 1e.
[7] Pl. 25, fig. 6.
[8] Pl. 25, fig. 7.
[9] Pl. 25, fig. 8.

que l'un de nous l'a déjà fait remarquer, le sternum[1] est linéaire entre la base des pattes de la première paire et le plastron, s'élargit ensuite graduellement d'avant en arrière; il n'y existe pas de suture médiane, et le dernier anneau thoracique n'entre pas dans sa composition. Cet anneau[2] n'est représenté inférieurement que par deux pièces latérales servant à l'insertion des pattes postérieures qui ne se rencontrent pas sur la ligne médiane et qui ne sont unies au plastron que par la membrane dont le prolongement va constituer la paroi ventrale de l'abdomen; or, cette disposition, dont nous ne connaissons pas d'exemple parmi les Brachyures proprement dits, est analogue à celle qui se rencontre chez les Paguriens et plusieurs autres Décapodes anomoures.

Les cloisons épimériennes sont peu développées et ne se réunissent pas sur la ligne médiane, de façon que les cellules des flancs n'occupent que les côtés du thorax et ne constituent pas en arrière une selle turcique postérieure, comme cela a lieu chez les Brachyures.

Les pattes des Lithodes offrent, comme on le voit, une anomalie dont il n'existe pas d'exemple chez les vrais Brachyures, mais qui n'est pas rare dans la section des Anomoures; savoir l'état presque rudimentaire des membres thoraciques de la dernière paire, qui sont trop petits pour servir à la locomotion et sont reployés sous les parties latérales de la carapace[3], de sorte qu'au premier abord on pourrait prendre ces crustacés pour des Octopodes[4]. Il est aussi à noter que dans ce genre, la main ne peut se reployer contre la région buccale, et que sa face interne est beau-

[1] Pl. 26, fig. 1, a.
[2] Pl. 26, fig. 1, f.
[3] Pl. 26, fig. 1.
[4] Pl. 24, fig. 1.

coup plus renflée que d'ordinaire chez les Brachyures. Quant aux particularités spécifiques qu'offrent les pattes de la Lithode, dont la description nous occupe ici, il est seulement à noter que ces organes sont beaucoup moins larges, plus robustes et plus épineux que dans les autres espèces de ce genre; les épines de forme conique que l'on y remarque, sont aussi développées sur le pénultième article que, sur la cuisse; enfin le tarse est en outre armé en dessous d'une rangée de pointes acérées, disposées comme les dents d'un peigne.

L'*abdomen* varie beaucoup suivant les sexes; mais offre toujours un caractère remarquable dépendant du fractionnement de la portion tergale de son squelette tégumentaire[1]. Dans l'un et l'autre sexe, le premier anneau est rudimentaire, tandis que le second est très-développé et se compose de cinq pièces, dont les trois dorsales sont soudées entre elles et représentent le tergum et les épimères, tandis que les deux pièces latérales sont libres et semblent être les analogues des épisternums. Chez le mâle[2], la portion suivante de l'abdomen est triangulaire et symétrique; on y distingue latéralement trois paires de grandes plaques tuberculeuses que l'on peut considérer comme les épimères des 3e, 4e et 5e segments abdominaux; plus en arrière, se voient deux pièces médianes qui représentent le 6e et le 7e anneau, et l'espace médian compris entre l'espèce de bordure ainsi formée, est occupé par une multitude de petites pièces tuberculiformes isolées entre elles, et placées par rangées transversales; enfin la face sternale de l'abdomen est complétement membraneuse et ne porte aucun appendice. Chez la femelle[3], l'abdomen est conformé de la même manière, si ce n'est qu'au lieu

1 Pl. 27, fig. 1, 2.

2 Pl. 27, fig. 2.

3 Pl. 27, fig. 1.

d'être symétrique, il est très-développé du côté gauche et de grandeur médiocre à droite, d'où résulte un contournement analogue à celui qui existe chez les Pagures. Le système appendiculaire de cette portion du corps présente un autre point de ressemblance avec le mode de conformation ordinaire chez les Birgus et les Pagures; en effet, il n'existe chez la femelle que quatre fausses pattes ovifères, appartenant toutes au côté gauche du corps et insérées sur une ligne courbe[1]; disposition que Kreusenstern avait depuis longtemps signalée dans la Lithode de Kamtschatka.

Dans cette espèce, de même que chez la Lithode des mers du nord[2] les vulves sont percées dans l'article basilaire des pattes de la troisième paire[3] au lieu d'occuper le plastron sternal, comme chez les Brachyures. Enfin, les branchies[4] sont disposées de la même manière que chez la Lithode arctique où l'un de nous les avait déjà décrites et offrent par conséquent, dans tout ce genre, un caractère qui ne se rencontre jamais chez les vrais Brachyures, tandis qu'il est très-commun chez les anomoures; savoir : l'existence de ces organes sur le pénultième anneau thoracique; on en compte de chaque côté trois, dont deux attachées à la membrane articulaire de la quatrième patte et une, fixée beaucoup plus haut, à la voûte des flancs qui est percée dans ce point. Deux autres pyramides branchiales s'insèrent sous le bord des flancs à la membrane articulaire de chacune des pattes précédentes et tout-à-fait en avant, on distingue encore deux autres branchies rudimentaires placées de la même manière, au-dessus de la base de la patte-mâchoire externe; par conséquent le nombre total de ces organes est de onze paires.

[1] Pl. 26. fig. 2.

[2] Voyez Hist. nat. des crustacés, t. 2, p. 185.

[3] Pl. 26, fig. 1.

[4] Pl. 25, fig. 9.

Nous regrettons de ne pouvoir rien ajouter sur la conformation des parties molles de notre Lithode; les deux individus soumis à notre examen étant desséchés; mais d'après les détails sur lesquels nous nous sommes arrêtés, on a pu voir non-seulement, que ce crustacé ne ressemble aux Maïa et aux autres Oxyrhinques par rien d'essentiel, mais aussi qu'il offre beaucoup d'analogie avec les Birgus, et que de même que ceux-ci, il est réellement intermédiaire aux Brachyures proprement dits et aux Macroures.

EXPLICATION DES PLANCHES.

PLANCHE 24.

Lithode a courtes pattes, *Lithodes brevipes*, Nob. de grandeur naturelle.

PLANCHE 25.

Fig. 1. Portion céphalique du corps vue en-dessous.

a rostre. — *b* régions ptérygostomiennes de la carapace.—*c* antennes internes. *d* antennes externes.— *d'* pièce épineuse fixée au-dessus de la base de ces antennes.—*d''* filet terminal.—*e* patte-mâchoire externe du côté droit; du côté opposé cet appendice a été enlevé. — *f* patte-mâchoire de la seconde paire recouvrant en partie les autres appendices buccaux.

Fig. 2. Portion céphalo-thoracique du corps, vue de côté.

a, *a* portion dorsale de la carapace. — *b* rostre.— *c* première pièce de la portion épimérienne de la carapace. — *d* seconde pièce.— *e* pièces terminales de la même partie.—*f*, *f* base des pattes.—*g* patte-mâchoire externe.

Fig. 3. Mandibule.

Fig. 4. Mâchoire de la première paire.

Fig. 5. Mâchoire de la deuxième paire.

Fig. 6. Patte-mâchoire de la première paire.

Fig. 7. Patte-mâchoire de la deuxième paire.

Fig. 8. Patte-mâchoire de la troisième paire.

Fig. 9. Appareil branchial du côté droit.

a base de la patte antérieure. — *b* base de la patte de la quatrième paire. — *c* patte de la cinquième paire.— *d* voûte des flancs. — *e* première branchie. — *f* pénultième branchie.—*g* dernière branchie fixée à l'anneau thoracique qui porte les pattes postérieures.

PLANCHE 26.

Fig. 1. Thorax vu en dessous, avec la base des pattes.

a plastron sternal. — *f* pièces mobiles représentant le dernier anneau thoracique. — *c* pattes de la dernière paire. — *d*, *d* base des pattes de la première paire. — *e* vulves percées dans l'article basilaire des pattes de la troisième paire.

Fig. 2. L'abdomen de la femelle, vu du côté sternal.

a premier segment et bandes de la membrane articulaire thoracique. — *b* dernier segment et anus.—*c*, *c* appendices ovifères.

PLANCHE 27.

Fig. 1. Abdomen de la femelle, vu du côté externe.

a, *a* bord postérieur du thorax. — *b*, *b* pattes postérieures. — *c* pièce tergale du deuxième segment. — *d*, *d* pièces épimériennes du même segment. — *e*, *e* pièces épisternales du même.—*f* dernier anneau.

Fig. 2. Abdomen du mâle.

a portion postérieure de la carapace.

DESCRIPTION

DE L'ALBUNHIPPE ÉPINEUSE,

TYPE D'UN GENRE NOUVEAU DANS LA TRIBU DES HIPPIENS.

La petite tribu des Hippiens ne renferme encore que trois genres connus sous les noms de Hippe, de Remipède et d'Albunée, et offrant entre eux des différences assez considérables dans la conformation des pattes et des antennes. Le crustacé anomoure que nous allons faire connaître ici, présente les mêmes caractères essentiels que ces deux décapodes et appartient évidemment à la même tribu, mais ne peut prendre place dans aucune des trois divisions déjà établies dans ce groupe ; il semble établir le passage entre les Albunées et les Hippes, et c'est pour rappeler sa place dans les séries naturelles que nous proposons de le désigner sous le nom générique d'ALBUNHIPPE (*Albunhippa*, Nob.).

Ce crustacé[1] est de forme allongée et par son aspect général ressemble beaucoup aux Albunées. La *carapace* est ovalaire, beaucoup plus longue que large, bombée en-dessus, et entièrement lisse; antérieurement elle est fortement échancrée, et du milieu de cette échancrure frontale qui est finement denticulée, naît une épine médiane qui se dirige en avant et représente le *rostre;* latéralement le front est terminé par une forte dent triangulaire dirigée également en avant, et plus saillante que la précédente; une seconde épine médiane se voit vers la partie antérieure de la région stomacale, qui est en outre marquée de plusieurs lignes transversales; un sillon trans-

[1] Pl. 28, fig. 1.

versal plus profond limite en arrière la région dont il vient d'être question. De chaque côté, la carapace est armée de quatre épines, dont la dernière est située à peu près au niveau de la région génitale. Enfin, au bord postérieur de ce bouclier dorsal est une petite échancrure semi-lunaire servant à l'insertion de l'abdomen. Les *pédoncules oculaires* sont longs, grêles, composés de deux articles mobiles et disposés comme ceux des Hippes. Les *antennes de la première paire*[1] sont presqu'aussi longues que celles de la seconde paire; leur pédoncule est fortement coudé et se compose de trois articles allongés et à peu près de même forme; enfin elles se terminent par deux tigelles multiarticulées, dont l'une assez longue et l'autre très-petite. Les *antennes externes*[2] sont beaucoup plus grosses que les internes, et n'ont qu'environ les deux tiers de la longueur de la carapace; leur pédoncule est cylindrique et porte à sa base une forte dent; la tigelle terminale est moins longue que le pédoncule, et ne se compose que d'environ seize articles. *L'appareil buccal* diffère aussi, à plusieurs égards, de ce qui existe chez les autres Hippiens. Les *mandibules*[3] ressemblent beaucoup à celles des Brachyures, si ce n'est que le palpe est un peu plus long. Les *mâchoires*[4] n'offrent rien d'important à noter. Les *pattes-mâchoires de la première paire*[5] sont grandes et lamelleuses; le prolongement qui représente le palpe est élargi vers le bout et fortement cilié; enfin on aperçoit du côté extérieur de la base de ces organes, un appendice presque membraneux, et foliacé qui est l'analogue du fouet ou branche externe du membre. Les *pattes-*

[1] Pl. 28, fig. 2.
[2] Pl. 28, fig. 3.
[3] Pl. 28, fig. 4.
[4] Pl. 28, fig. 5.
[5] Pl. 28, fig. 6.

mâchoires de la deuxième paire[1] sont subpédiformes et portent un palpe très-développé qui se termine par une tigelle multiarticulée. Enfin, les *pattes-mâchoires externes*[2] sont également subpédiformes et diffèrent de celles de tous les autres Hippiens par l'existence d'un palpe; leur second article est un peu élargi en dedans et finement dentelé; le troisième article est allongé, et les trois suivants sont presque cylindriques et très-forts; il est aussi à noter que le palpe est lamelleux et courbé en dedans vers le bout, mais ne porte pas de tigelle terminale.

Le *sternum* est linéaire. Les *pattes* de la première paire[3] sont assez fortes, et se terminent par une main didactyle, dont la forme est assez semblable à celle de l'Albunée symniste; une forte épine se remarque sur la face inférieure du troisième article de ces membres; le carpe est très-comprimé en dedans, et son bord supérieur se termine par une dent aiguë; la main est petite et armée de quelques épines, dont deux sur sa face externe et une sur son bord interne; enfin, le doigt mobile est très-oblique, mince et hérissé d'épines à sa base. Les pattes des trois paires suivantes sont à peu près de même grandeur, et se terminent par un article lamelleux et falciforme à peu près comme chez les Albunées; celles de la cinquième paire sont aussi fort petites, très-grêles et monodactyles[4]. Enfin la conformation de l'abdomen[5] est également semblable à ce qui existe chez l'Albunée symniste, si ce n'est que les trois anneaux qui suivent le premier, sont un peu moins élargis et que l'anneau caudal est un peu plus grand.

[1] Pl. 28, fig. 8.
[2] Pl. 28, fig. 9.
[3] Pl. 5, fig. 1.
[4] Pl. 28, fig, 10.
[5] Pl 28, fig. 11.

En résumé, on voit que ce crustacé, tout en se rapprochant beaucoup des Albunées, offre quelques caractères propres aux Hippes, et ne peut prendre place dans aucune des petites divisions génériques déjà établies dans la tribu des Hippiens. Nous croyons par conséquent devoir en fournir le type d'un genre particulier, auquel on peut assigner les caractères suivants :

CRUSTACÉS DÉCAPODES ANOMOURES.

TRIBU DES HIPPIENS.

Genre Albunhippe (Albunhippa, Nob.).

Antennæ quatuor, ferè æquales, intermediis apice bifidis, externis que crassis; pedunculi oculorum cylindracei, graciles; pedes duo antici manu didactylâ.

Sp. Albunhippe épineuse.

Albunhippa spinosa, Nob.

Planche 28, fig. 1-13.

A. virescens, testâ lævigatâ, anteriùs ad lateraque spinis armatâ; fronte denticulatâ; manibus spinosis.

Long. 23 millim., larg. 20 millim.; patrie inconnue.

EXPLICATION DES FIGURES.

PLANCHE 28.

Fig. 1. ALBUNHIPPE ÉPINEUSE, de grandeur naturelle.
Fig. 2. Antenne interne, grossie.
Fig. 3. Antenne de la deuxième paire.
Fig. 4. Mandibule.
Fig. 5. Mâchoire de la première paire.
Fig. 6. Mâchoire de la deuxième paire.
Fig. 7. Patte-mâchoire de la première paire.
Fig. 8. Patte-mâchoire de la deuxième paire.
Fig. 9. Patte-mâchoire de la troisième paire.
Fig. 10. Patte thoracique de la cinquième paire.
Fig. 11. Abdomen.
Fig. 12. L'un des filets ovifères.
Fig. 13. Appendice natatoire de la queue.
(Les autres figures de cette planche se rapportent aux articles suivants.)

DESCRIPTION

DE DEUX CRUSTACÉS NOUVEAUX

DE LA FAMILLE DES PARTHÉNOPIENS.

§ I. — SUR L'EURYNOLAMBRE.

Ce crustacé, qui a été donné au Muséum par M. Marion de Procé, médecin à Nantes, habite les mers de la Nouvelle-Zélande, et comme son nom l'indique, établit à plusieurs égards le passage entre les Eurynomes et les Lambres, mais il se rapproche aussi des Cryptopodies.

La *carapace* de ce Décapode[1] est beaucoup plus large que longue, à peu près plane, légèrement déclive antérieurement et presque horizontale dans le sens transversal; sa grande largeur dépend de deux prolongements lamelleux qui s'avancent au-dessus de la base des pattes mitoyennes, et qui ressemblent par leur structure aux prolongements latéraux du bouclier dorsal des Calappes. La face supérieure de la carapace est chagrinée ou plutôt verruqueuse, et on y aperçoit quatre dépressions, dont deux situées vers le point d'union des régions hépatiques, stomacale, branchiales et génitale, les autres au milieu des régions branchiales; son bord latéral est semi-circulaire, mince et subdentelé. Le front est petit, incliné et divisé en deux lobes subtriangulaires. Les orbites sont ovalaires et offrent en dessus une petite fissure. Les *antennes internes* n'offrent rien de particulier. L'article basilaire des *antennes*

[1] Pl 28, fig. 14.

externes[1] est très-grand, se soude au front, dépasse l'angle orbitaire interne, et donne insertion à l'article suivant vers son angle antéro-interne, de façon que la tige mobile de ces appendices, logée sous le bord du front, se trouve séparée de l'orbite par un espace considérable qu'occupe un gros tubercule formé par la terminaison de l'article basilaire; les deux premiers articles de cette tige sont très-petits, et le filet *multiarticulé* qu'ils portent paraît être peu développé. L'épistome, le cadre buccal et les pattes-mâchoires externes ne présentent rien de particulier, mais les régions ptérygostomiennes offrent une disposition très-singulière dont nous avons du reste un exemple chez le *Cancer sculptus*. On y remarque en effet entre les régions hépatique et branchiale une fossette très-profonde, dont il est difficile de deviner l'usage. Le *plastron sternal* est très-concave entre la base des pattes-mâchoires et profondément sillonné en travers dans sa moitié postérieure. Les *pattes* de la première paire sont de grandeur médiocre et ne se reploient pas contre la face inférieure du corps comme chez les Lambres; la main est renflée, arrondie et irrégulièrement piquetée; enfin les pinces sont grêles, acérées et légèrement recourbées en bas. Les pattes suivantes sont garnies de crêtes longitudinales très-saillantes et se terminent par un petit article styliforme. Quant à l'*abdomen*, il offre le mode de conformation ordinaire parmi les Parthénopiens.

Les particularités de structure que nous venons de signaler ne permettent de ranger ce crustacé dans aucun des genres déjà établis dans la tribu des Parthénopiens, et nous semblent motiver la formation d'une nouvelle division, que l'on peut caractériser de la manière suivante.

[1] Pl. 5, fig, 15.

Genre Eurynolambre (Eurynolambrus, Nob.).

Testa ad latera maximè dilatata, femora secundi tertiique tectens; antennæ externæ articulo basilari maximo, anticè fronti ferruminato; portione mobili propè foveolam antennæ internæ insertâ.

Sp. Eurynolambre austral.

Eurynolambrus australis, Nob.

Planche 28, fig. 14, 15.

E. omninò rubescens; testâ trianguliformi, tuberculatâ, utrinque subdentatâ; pedibus anticis crassiusculis; aliis cristatis.

Long. 28 millim.; larg. 42 millim.

Habite les mers de la Nouvelle-Zélande. La femelle nous est inconnue.

§ II. — Sur une nouvelle espèce du genre Cryptopodie.

Le genre Crytopodie, établi par l'un de nous[1], pour recevoir un crustacé confondu jusqu'alors, tantôt avec les Parthénopes, tantôt avec les Maïa et d'autrefois avec les Calappes ou avec les Æthres, est très-remarquable par la forme lamelleuse et l'énorme développement de la carapace, mais ne renferme encore qu'une seule espèce, la *Cryptopodia fornicata*. Une seconde espèce du même genre, se trouve dans la collection du Muséum et mérite d'être décrite; nous la désignerons sous le nom de :

CRYPTOPODIE ANGULEUSE.

Cryptopodia angulata, Nob.

Planche, 28, fig. 16-19.

C. testâ pentagonâ, margine crenatâ.

Long. 28 millim.; larg. 60 millim.

[1] Milne Edwards : Hist. Natur. des Crustacés, t. I, p. 360.

La *carapace* est très-large et pentagonale; son plus grand diamètre correspond aux angles latéro-antérieurs, et son bord postérieur est droit; en dessus elle est lisse, si ce n'est le long de quelques lignes saillantes sur lesquelles on remarque une multitude de petites granulations; le rostre[1] est triangulaire, aussi long que large, concave à sa base, et dentelé sur les bords. Les bords latéro-antérieurs sont un peu sinueux et divisés en une dizaine de crénelures subdivisées à leur tour par des dentelures; vers leur extrémité on remarque de chaque côté une épine saillante, et il en existe une seconde au point de rencontre de ces bords avec les bords latéraux, qui se dirigent obliquement en arrière et sont finement crénelés, comme l'est aussi le bord postérieur; enfin il est encore à noter que les angles latéro-postérieurs se prolongent en forme de dent pointue et qu'il existe une paire d'épines semblables vers le milieu du bord postérieur. La région antennaire[2] et les pattes-mâchoires externes[3] n'offrent rien de particulier. Le *plastron sternal* est pentagonal comme la carapace. Les *pattes* de la première paire sont extrêmement grandes, élargies, subtriangulaires et lisses, si ce n'est sur leurs bords qui se prolongent en forme de crêtes, et sont hérissées de dents pointues. Les pattes des quatre dernières paires sont petites, grêles et complétement cachées sous les voûtes lamelleuses formées par les parties latérales de la carapace; leur troisième article est garni en dessus d'une petite crête dentelée et le tarse est lamelleux. Enfin l'abdomen offre sept segments distincts dans les deux sexes, et est bosselé au milieu.

Nous ignorons la patrie de ce crustacé, dont la couleur est grisâtre.

[1] Pl. 28, fig. 18_a.
[2] Pl. 28, fig. 18^c.
[3] Pl. 28, fig. 19.

EXPLICATION DES FIGURES.

PLANCHE 28.

Fig. 14. EURYNOLAMBRE AUSTRAL, de grandeur naturelle.

Fig. 15. Le même, grossi et vu en dessous; les pattes du côté gauche du corps ont été enlevées pour montrer le prolongement clypéiforme de la carapace et les fossettes de la région ptérygostomienne.

Fig. 16. CRYPTOPODIE ANGULEUSE, de grandeur naturelle, individu femelle.

Fig. 17. Le mâle, vu en dessous.

Fig. 18. Région antennaire grossie.

Fig. 19. Patte-mâchoire externe grossie.

LITHODE A COURTES PATTES.

LITHODES BREVIPES. (Nob.)

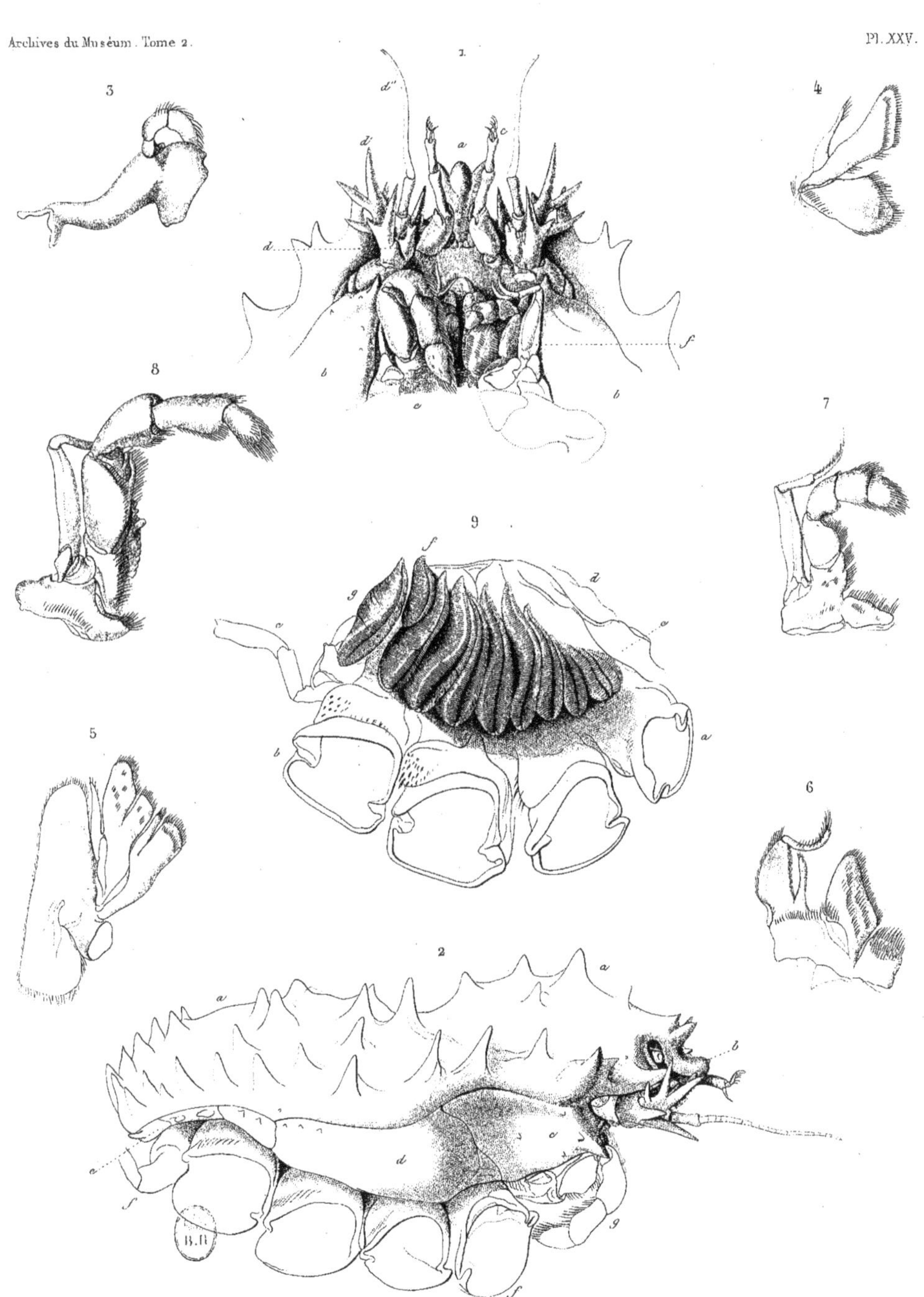
1
2
3
4
5
6
7
8
9

1

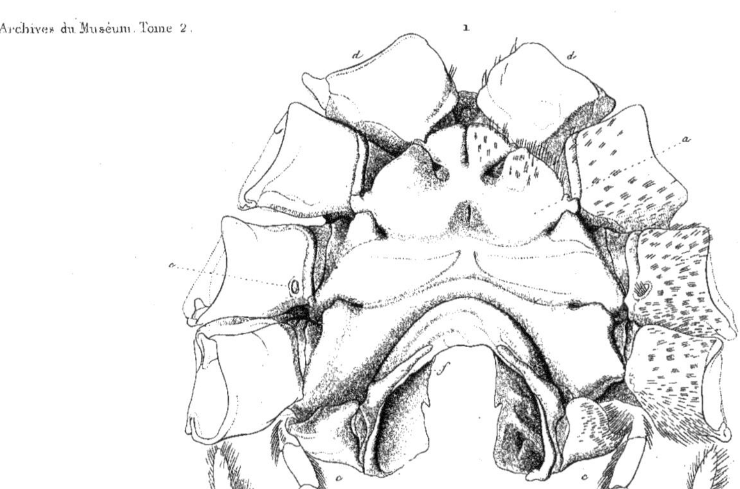

2

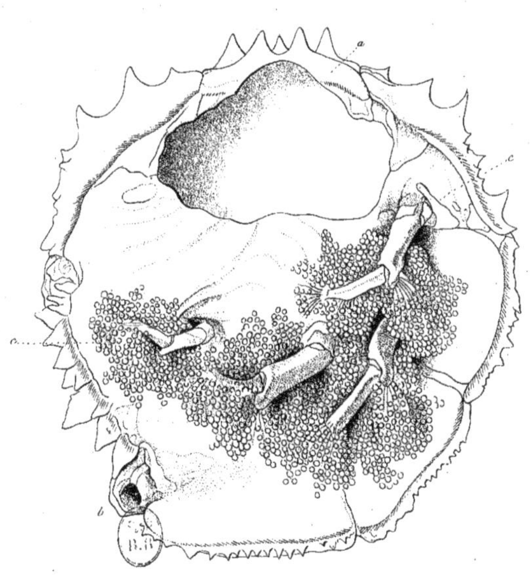

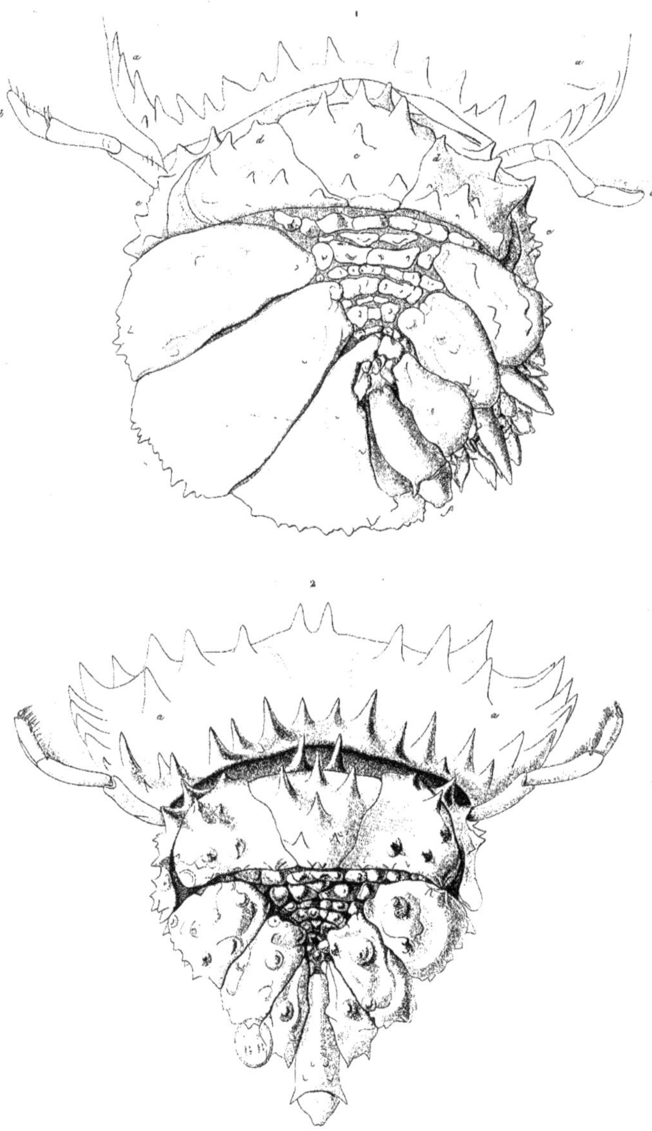

ORGANISATION DE LA LITHODE A COURTES PATTES.

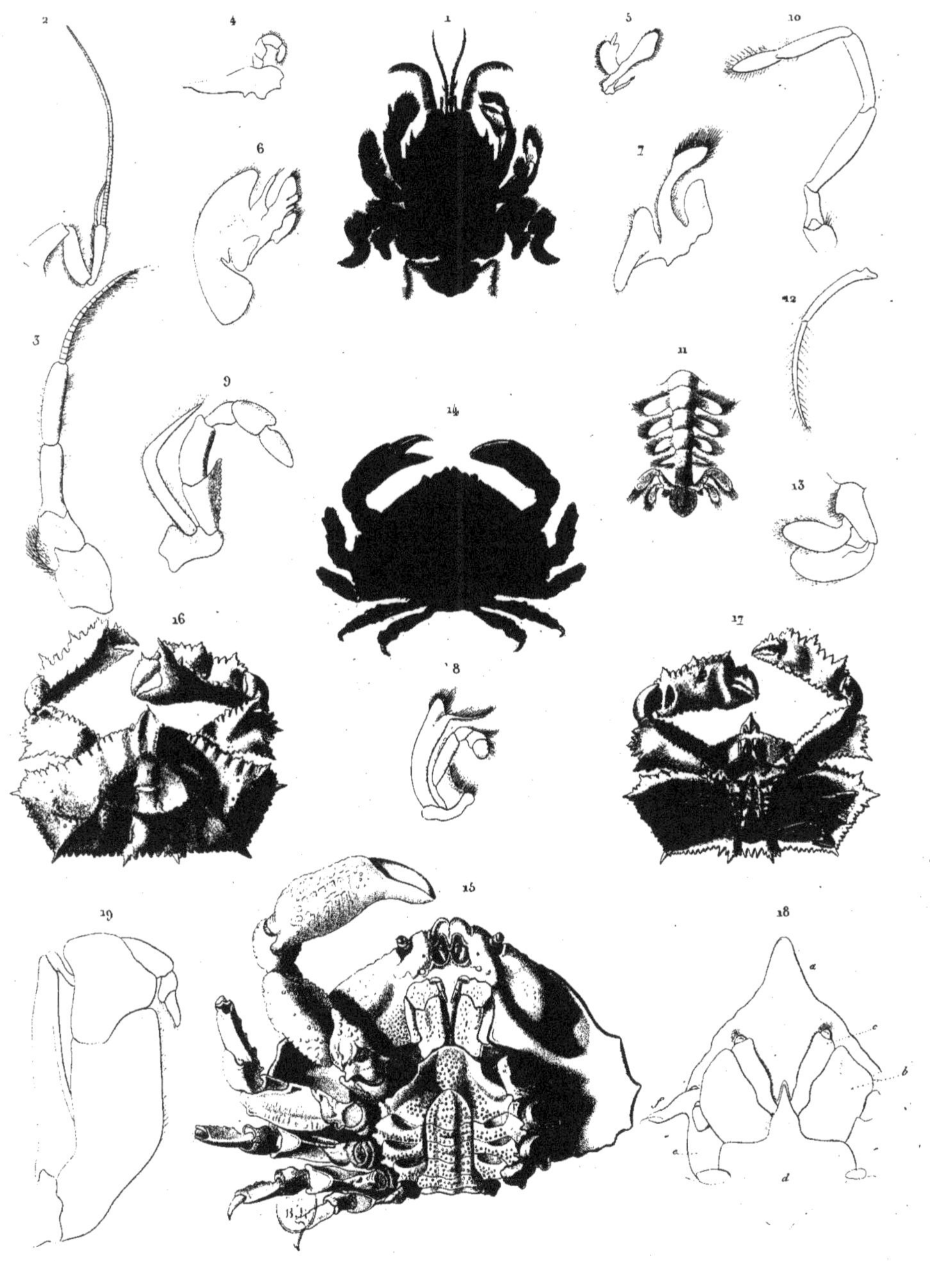

1-13. ALBUNHIPPE ÉPINEUSE. (*ALBUNHIPPA SPINOSA. Nob.*)

14-15. EURYNOLAMBRE AUSTRAL. (*EURYNOLAMBRUS AUSTRALIS. Nob*)

ARCHIVES DU MUSÉUM

D'HISTOIRE NATURELLE,

PUBLIÉES PAR LES PROFESSEURS-ADMINISTRATEURS DE CET ÉTABLISSEMENT.

CONDITIONS DE LA SOUSCRIPTION :

Les *Archives du Muséum* paraissent par volumes in-4° sur papier grand raisin, d'environ 60 feuilles d'impression et ornés de 30 à 40 planches gravées par les meilleurs artistes, et dont 15 à 20 seront coloriées avec le plus grand soin.

Il en paraît un volume par an, divisé en quatre livraisons.

Prix de chaque livraison	Pap. ordinaire.	10 fr.
	Pap. vélin.	20 fr.

Cet ouvrage fait suite aux *Annales*, aux *Mémoires* et aux *Nouvelles Annales du Muséum.*

ON SOUSCRIT :

Chez GIDE, éditeur des *Annales des Voyages*, des ouvrages de M. le baron de Humboldt, des *Voyages pittoresques dans l'ancienne France et en Espagne*, de M. le baron Taylor, etc., etc.

Rue de Seine Saint-Germain, *n°* 6 bis.

A. Pihan de la Forest, imp., rue des Noyers, n. 37.

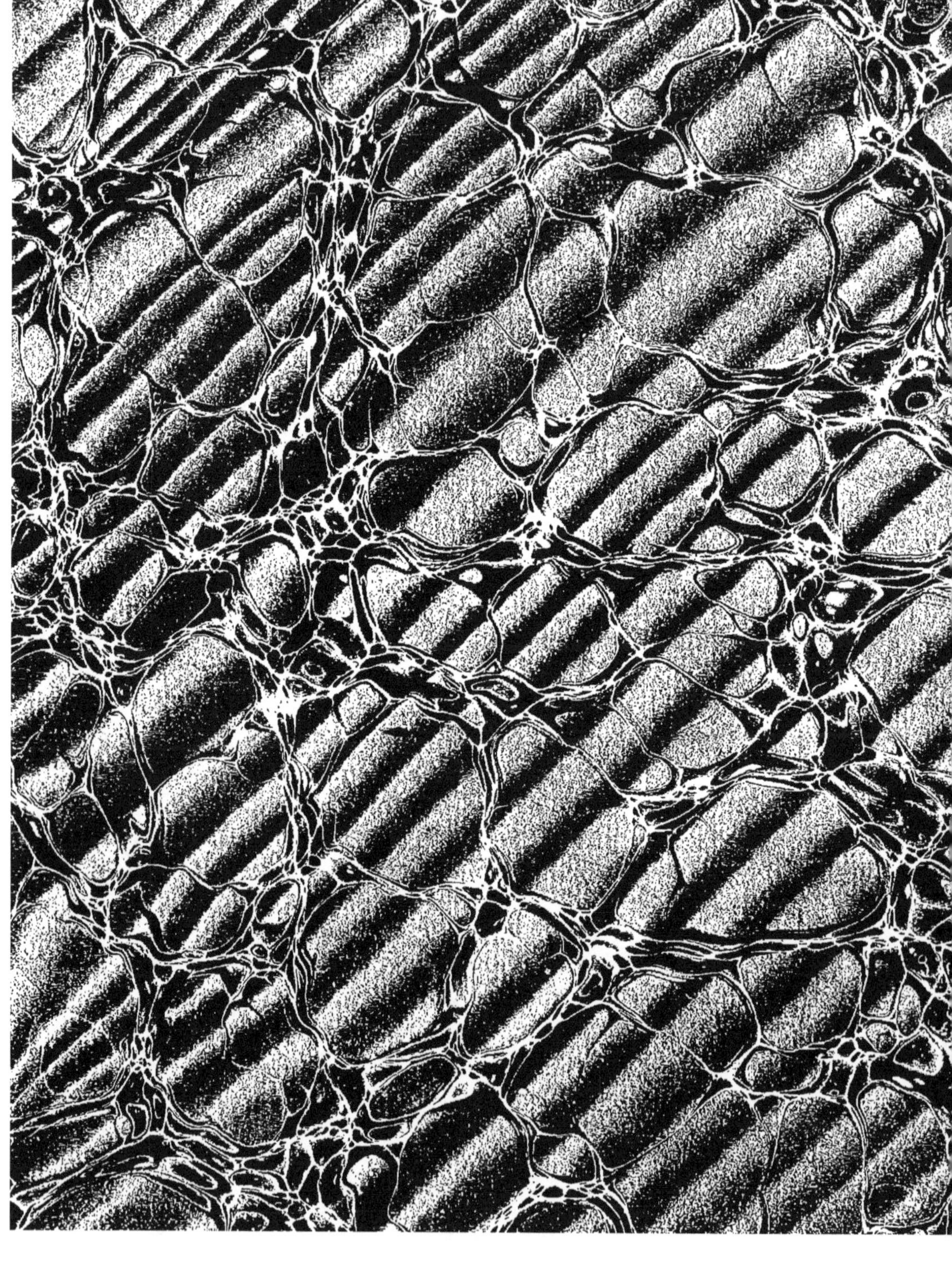

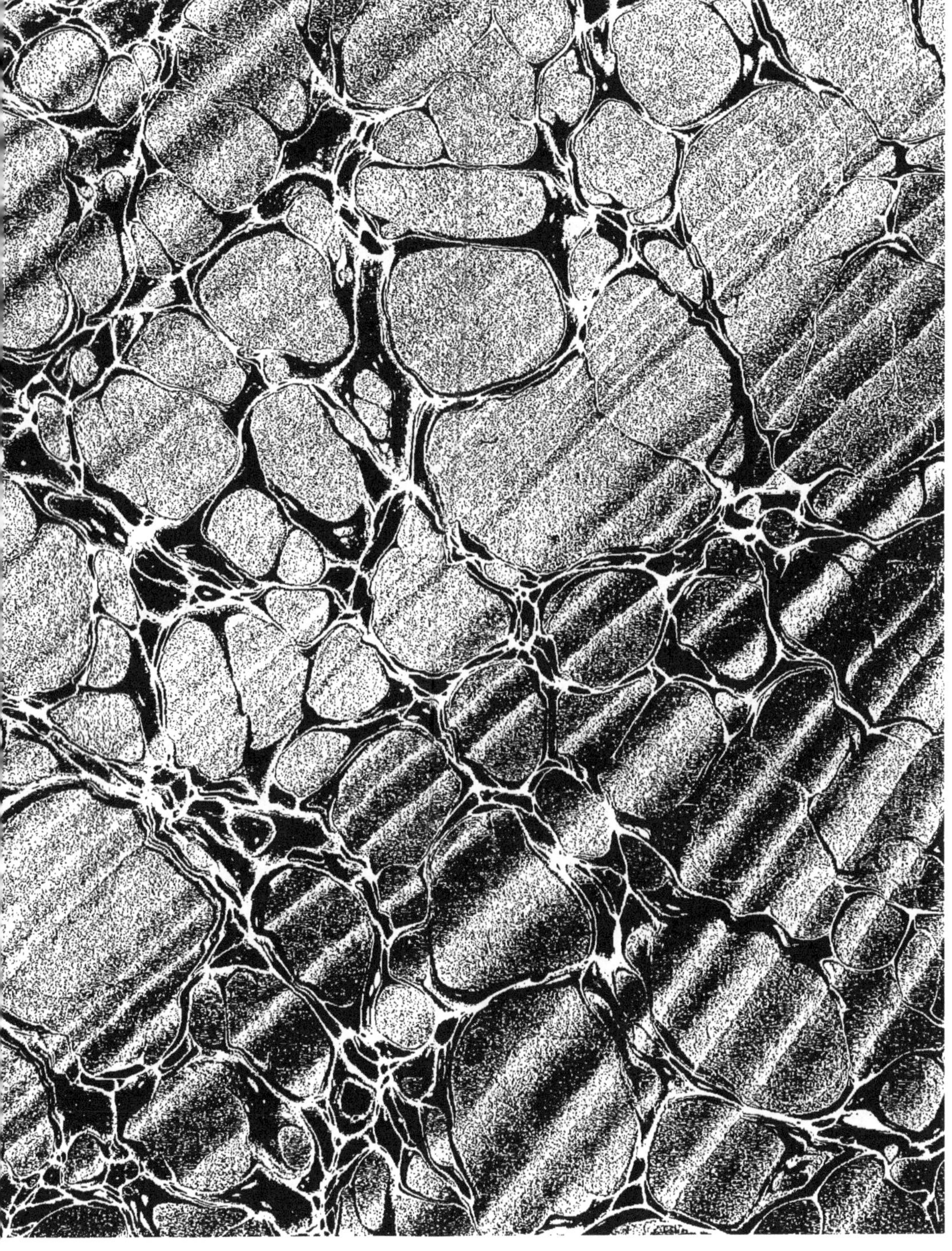

www.ingramcontent.com/pod-product-compliance
Ingram Content Group UK Ltd.
Pitfield, Milton Keynes, MK11 3LW, UK
UKHW031057260726
13965UKWH00006B/1684

9 782012 882805